SOCIÉTÉ

DES

PIONNIERS AFRICAINS

POUR L'ABOLITION DE L'ESCLAVAGE

ET LA CIVILISATION DU SOUDAN FRANÇAIS

———— ✳ ————

STATUTS DE LA SOCIÉTE

PARIS

IMPRIMERIE TYPOGRAPHIQUE J. BOLBACH

25, RUE DE LILLE, 25

PARIS. — IMP. J. BOLBACQ, 25, RUE DE LILLE

SOCIÉTÉ

DES

PIONNIERS AFRICAINS

POUR L'ABOLITION DE L'ESCLAVAGE

ET LA CIVILISATION DU SOUDAN FRANÇAIS

❋

STATUTS DE LA SOCIÉTÉ

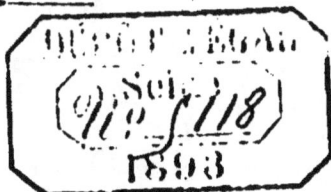

PARIS

IMPRIMERIE TYPOGRAPHIQUE J. BOLBACH

25, RUE DE LILLE, 25

Ⓒ

SOCIÉTÉ

DES

PIONNIERS AFRICAINS

~~~~~~~~~~~

ADRESSE
DU COMITÉ D'ORGANISATION
AUX AMIS DES ESCLAVES NOIRS

————

Anciens Frères Armés du Sahara, nous avons voulu continuer l'œuvre si malencontreusement interrompue par la mort du cardinal Lavigerie et c'est pourquoi nous avons résolu de fonder la Société des Pionniers Africains. Cette Société, exclusivement *française et philanthropique*, se propose, *en n'employant que des moyens pacifiques*, de tenter la civilisation de certaines régions de l'Afrique française, et d'y enrayer la plaie de l'esclavage et de la guerre civile.

Apporter aux nègres qui vivent dans notre sphère d'influence une protection réelle et morale; leur permettre, à l'ombre de notre drapeau qui sera un gage de paix, de cultiver à l'aise leur sol si riche et de mettre en valeur les trésors qu'il renferme; introduire dans leurs cœurs l'amour de plus en plus vif de notre patrie et leur apprendre à parler notre

langue, à pratiquer notre morale; mettre un terme
aux razzias et aux pillages de ces potentats qui,
comme Ahmadou, Samory ou Béhanzin, font le désert
et la désolation autour d'eux par le feu, le meurtre
et l'esclavage, former enfin dans le Soudan de véri-
tables centres de colonisation française, créer au
moyen d'unions librement voulues une race franco-
africaine née libre sur un sol libre; asseoir notre
influence dans les immenses régions que le talent de
nos diplomates ou la vaillance de nos explorateurs
nous ont réservées et multiplier les rapports de ces
régions avec la mère-patrie; tout cela par les efforts
et l'abnégation de quelques Français courageux
consacrant leur vie à ce dur labeur.

Voilà notre programme. Pour le tenir il nous faut
deux choses : de la volonté et de l'argent.

La volonté, nous l'avons.

Quant à l'argent, nous espérons que notre Société
pourra, dans quelques années, se subvenir à elle-
même, grâce aux ressources qu'elle saura se créer.
Mais pour mettre en branle le fonctionnement de
cette Société il nous faut de l'argent, beaucoup d'argent, et nous n'en avons pas.

Cet argent, nous le demandons à tous ceux qui
prennent en pitié le sort des malheureux noirs, nos
frères, et à tous ceux qui comprennent le véritable
avenir de la France en Afrique.

Aussitôt que nos fonds nous le permettront, nous

organiserons des missions ayant pour but de déter-
miner *de visu* la région de l'Afrique Française qui
convient le mieux aux débuts de notre Société. Alors,
après avoir obtenu l'autorisation du gouvernement
français, nous commencerons.

Dieu fera le reste !

Le Président du Comité d'organisation,

Joseph LACHELIN.

SOCIÉTÉ DES PIONNIERS AFRICAINS

BUT GÉNÉRAL DE LA SOCIÉTÉ : CIVILISATION ET COLONISATION DE L'AFRIQUE FRANÇAISE ET ANÉANTISSEMENT DE L'ESCLAVAGE PAR DES MOYENS PACIFIQUES.

CHAPITRE I. — Organisation.

A la tête de la Société est un *commandant supérieur*. Il n'a pas de résidence fixe, se tenant là où l'intérêt de la Société l'exige. Son autorité est absolue ; pourtant il doit rendre compte de ses actes chaque année au *Conseil général* (voir plus loin) de novembre. A cette époque, la Société lui renouvelle son mandat ou en élit un autre. Cette élection se fait au suffrage universel de tous les Pionniers.

Immédiatement après le commandant supérieur, viennent deux *lieutenants-généraux* résidant, l'un en Afrique, l'autre à Paris. Ils sont proposés par le commandant supérieur, élus au suffrage universel et indéfiniment rééligibles. Ils sont sous l'autorité du commandant supérieur avec *referendum au Conseil général* si cette juridiction devenait abusive, injuste ou incapable.

§ 1. — Le lieutenant-général de France dirige les maisons de la Société en France. Il dirige spécialement le recrutement et la formation des jeunes gens de l'École préparatoire des Pionniers africains. Il est aidé par plusieurs lieutenants pour l'administration matérielle et la publicité et pour les cours divers des aspirants.

Il y a, en outre, un aumônier.

§ 2. — Le lieutenant-général d'Afrique dirige les maisons de la Société en Afrique. Il est aidé par trois lieutenants, l'un chargé des intérêts matériels et de la caisse, un autre chargé de la correspondance et de la publicité, le troisième, de l'organisation des ravitaillements, caravanes, transports et des relations entre la côte et les postes.

Il y a un commandant par poste et des lieutenants partout où le besoin s'en fait sentir. Ces officiers sont nommés par le commandant supérieur. Ils ne peuvent quitter leurs fonctions que par suite d'une décision motivée de ce dernier, pour démission, mutation ou nomination.

Les autres membres titulaires de la Société n'ont que le titre de Pionniers africains. Chacun des membres de la Société, quels que soient son grade et sa fonction, doit une obéissance sans bornes et une soumission aveugle aux ordres de ses supérieurs hiérarchiques. Ceux-ci, de leur côté, devront toujours s'inspirer, dans le commandement, de la justice, des égards dus au moindre d'entre leurs frères, de l'intérêt des Noirs et des principes d'humanité, base de la Société. Lorsque les circonstances l'exigent, de simples Pionniers peuvent être préposés par les lieutenants ou commandants à la direction d'une entreprise ou d'une expédition. Dans ce cas, et pendant toute la durée de la mission à eux confiée, il leur est dû, de la part des Pionniers placés sous leurs ordres la même déférence et la même soumission aveugle qu'envers un lieutenant. Il y aura un aumônier par poste.

_____

CHAPITRE II. — Recrutement. — Désignation des fonctions. — Conseil général.

Les jeunes gens, admis à faire partie de la Société, passent dix mois dans cette école, novembre à août. Ils subissent, au mois d'août, des examens qui servent à les classer, par ordre de capacité, et dont le résultat est tenu secret par les supérieurs.

Au mois de septembre, ils partent pour l'Afrique. Ils passent un mois à la maison principale de la côte pour qu'on puisse juger sur place de leurs aptitudes particulières et de leur résistance au climat, et aussi pour qu'ils s'exercent à l'usage des langues africaines. Au mois de novembre, le commandant supérieur, alors présent en Afrique, et sur les avis motivés des lieutenants-généraux de France et d'Afrique, répartit les nouveaux membres dans les différents postes.

C'est à ce moment que sont discutés les intérêts généraux de la Société, arrêtées les nominations et mutations, entendues les réclamations et propositions de tous les Pionniers. Tout cela est discuté dans un *Conseil général*. Ce conseil se compose de tous les Pionniers présents, notamment des chefs de postes ou de leurs délégués, et est présidé par le commandant supérieur.

CHAPITRE III. — Constitution et rôle des Postes.

Chaque poste sera fortifié de façon à pouvoir résister en cas d'attaque. Chaque Pionnier, officier ou non, sera pourvu, en cas d'attaque, de l'armement suivant : carabine ou fusil léger à répétition, revolver et épée. Ces armes, en temps ordinaire, resteront enfermées dans le magasin du poste. Seul le port du revolver sera autorisé en temps ordinaire dans les reconnaissances et missions, à condition toutefois que l'arme ne soit pas apparente.

Un Pionnier ne devra user de son revolver qu'à la dernière extrémité et lorsqu'il y sera forcé par le cas de légitime défense. De même un chef de poste ne devra ordonner une prise d'armes que lorsque les circonstances l'exigeront impérieusement. Même alors il devra faire tous ses efforts pour régler le différend d'une manière pacifique. Il ne recourra aux moyens violents qu'à la dernière extrémité. Toute prise d'armes illégale, tout coup de feu intempestif, qu'il ait, ou non, causé mort ou blessure, sera déféré au chef de poste et, si ce dernier est le coupable, au lieutenant-général. La mesure subséquente sera déterminée par le *Code de Discipline* de la Société. Les armes de chasse ne seront naturellement pas interdites. Enfin les Pionniers de tous grades ne possèderont aucune arme de guerre *en France*.

§ a. — Les postes seront bâtis, non pas au centre d'un village indigène, mais à proximité d'un village, sur un terrain jusque-là inoccupé, sain et bien orienté, élevé autant que possible, lequel sera acheté au chef du village ou concédé par lui. Au centre sera bâtie une citadelle fortifiée renfermant le magasin d'armes et les demeures des Pionniers. A côté sera bâtie une factorerie s'il y a lieu, ou une usine industrielle, si le pays s'y prête. Le reste du terrain sera employé à l'élevage et à l'agriculture.

On cherchera à grouper autour de la citadelle des nègres sympathiques à l'œuvre de la Société. On fondera ainsi autour de chaque poste un village nouveau. Il sera tracé d'après les règles de l'hygiène et les plans du chef de poste.

§ *b*. — Ce village sera lui-même fortifié et le poste le protégera en cas d'attaque. Il sera déclaré lieu d'asile pour les esclaves échappés aux razzias, mais non pour les esclaves des environs qui se sauvéraient de la caso de leurs maîtres. Pour ces derniers le chef de poste pourra régler le différend survenu entre eux et leurs maîtres, en se basant sur la justice et sur les coutumes du pays.

Le poste s'opposera aux razzias, à la chasse aux esclaves, à leur transport lorsqu'il sera opéré contrairement aux lois de l'humanité, aux incendies, aux pillages, non seulement dans le village entourant le poste, mais aussi dans les villages qui se seraient mis sous sa protection. Mais il ne prendra les armes qu'en cas d'attaque, soit du village qui l'entoure, soit des villages protégés, ou encore lorsque les droits de la France seront violés. *Dans ces trois cas, les Pionniers pourront utiliser leurs pupilles nègres préalablement dressés à la tactique européenne.*

§ c. — On entretiendra de bonnes relations avec les musulmans, évitant avec soin de blesser leurs croyances. Les religions fétichistes seront tolérées dans les villages soumis aux postes, à condition que leur culte ne soit pas contraire aux lois naturelles de l'humanité.

L'emploi d'armes à feu et de liqueurs fortes, comme *monnaie commerciale*, est absolument interdit aux Pionniers, ainsi que l'introduction de ces deux sortes d'articles parmi les nègres. La vente et l'achat des esclaves sont également et formellement interdits. Il est défendu d'accepter des esclaves en échange d'un service, en cadeau, etc.

Il y aura une école dans chaque poste pour les indigènes. On évitera avec soin de se servir de langues *européennes étrangères* dans les relations avec les indigènes. Les langues africaines seront employées de préférence là où l'emploi de la langue française sera provisoirement impossible.

Les aumôniers seront demandés aux sociétés de missionnaires les plus rapprochées des territoires de la Société.

CHAPITRE IV. — Conditions d'admission

Pour être admis à l'Ecole préparatoire, il faut :

1° Etre catholique et Français. (Exception pourra être faite à la seconde de ces conditions en faveur des Hollandais, anciens Frères armés du Sahara). On pourra recruter des membres parmi les nègres qui seront chrétiens et qui parleront français. Dans des cas tout à fait exceptionnels, le Commandant supérieur pourra admettre des étrangers, chrétiens et parlant le français, sauf ceux appartenant à l'une des nations suivantes qui ont des intérêts en Afrique, Allemagne, Angleterre, Belgique, Espagne, Italie, Portugal. En aucun cas (sauf pour les anciens Frères du Sahara hollandais), la proportion des étrangers relativement aux Français ne pourra excéder 1 pour 50.

2° Présenter de bons certificats de moralité et un casier judiciaire intact.

3° Avoir satisfait aux obligations de la loi militaire.

4° N'avoir pas plus de trente ans.

5° N'avoir point de charges de famille.

Nota. — Si, pour des motifs spéciaux et absolument exceptionnels, des hommes déjà mariés étaient admis, il faudrait que leur femme s'engageât à partager leur genre d'existence. Dans ce cas, ils ne feraient que suivre les cours, en qualité d'externes, à la Maison-Mère de Paris.

_____

CHAPITRE V. — Engagements

On s'engage pour cinq ans. La durée de l'engagement commence après le premier mois passé en Afrique. Les aspirants pourront se retirer de leur propre gré ou être invités à quitter la Société pour une cause motivée. Dans l'un et l'autre cas, la Société rapairicra les intéressés. Cette disposition est valable jusqu'au jour même de l'engagement, en Afrique. Une fois l'engagement pris, le Commandant supérieur seul pourra le rompre, soit sur la demande du contractant, soit de son chef, pour une raison grave et sur délibération secrète du Conseil général. L'intéressé sera rapatrié.

Au bout de cinq ans accomplis, les Pionniers pourront contracter un nouvel engagement de cinq ans, indéfiniment renouvelable. S'ils veulent se retirer, on leur fournira les moyens de rapatriement et la Société les aidera à la recherche d'une situation. S'ils préfèrent demeurer en Afrique comme colons, la Société leur donnera aide et protection le plus possible. D'ailleurs, la Société pourra toujours faire appel aux colons français qui voudront venir se livrer au commerce, à l'agriculture ou à l'industrie à l'abri de son drapeau. La Société leur devra aide et protection sous réserve de suivre les coutumes et de respecter les règlements établis par la Société au regard des indigènes.

CHAPITRE VI. — Dispositions religieuses et hygiéniques

Les aumôniers (comme les médecins, s'il le faut), seront rétribués, et pour le reste assimilés aux Pionniers.

Il sera créé un hôpital dans la zone d'action de la Société et une maison de convalescence en France.

Les Pionniers affaiblis par le climat y seront envoyés. Le personnel de la Maison-Mère de Paris sera recruté parmi les convalescents ou parmi ceux qui préféreront cette résidence.

CHAPITRE VII. — Vie. — Dispositions intérieures

Les Pionniers, officiers ou autres, ne recevront aucun salaire. Mais la Société pourvoira à tous leurs besoins, ainsi qu'à ceux de leurs femmes et de leurs enfants. Chaque chef de poste recevra à échéances fixes, les allocations nécessaires à l'entretien de tout son personnel.

Les Pionniers se conformeront au genre de vie qui sera imposé par les circonstances, mais les mortifications inutiles seront interdites et on veillera à procurer à tous le plus de bien-être matériel que le permettront les ressources de la Société et du pays. Les Pionniers pourront user comme ils l'entendront de leur fortune personnelle. Toutefois, le costume et l'habitation seront uniformes pour tous. Le luxe, l'abus des liqueurs fortes et des excitants, opium, haschich, morphine, etc., sont formellement interdits. Le café fera partie de l'alimentation ordinaire. Quant au tabac, il sera distribué régulièrement aux amateurs.

B. — Le mariage sera un droit sacré pour les Pionniers. L'union avec des femmes indigènes, sans être obligatoire, bien entendu, sera très recommandée comme devant fournir une pépinière d'excellents

Pionniers africains, faits au climat, bien que Français de pères, de cœur, de langue et d'éducation. Cela constituerait une race franco-africaine propice au relèvement de la race noire et au développement de notre influence en Afrique. Tout concubinage est rigoureusement proscrit. Le mariage chrétien et légal est seul autorisé. Dans les postes éloignés des cercles français réguliers le chef de poste remplira le rôle d'officier de l'état-civil.

Enfin la Société garantit des moyens d'existence à ceux de ses membres qui, par suite de l'âge, des infirmités ou des blessures contractées au service de la Société, se trouveraient dans l'impossibilité de continuer un service actif.

CHAPITRE VIII. — Costume, Drapeau, Distinctions.

Le costume de grande tenue se composera : d'une chemise en flanelle, bottes chantilly, culotte de spahi avec tresses bleues et veste maure idem. Le gilet maure aura la croix de Malte rouge sur la poitrine. En outre ceinture bleue, burnous de même et casque ou chéchia suivant le lieu et le temps.

Dans la petite tenue bottes ou demi-bottes suivant les nécessités de l'équitation ou de la marche, pantalon à la hussarde et veston en toile blanche, ceinture bleue, burnous pour la nuit et la marche. — Le costume sera pris au départ pour l'Afrique. — Les Pionniers seront pourvus d'une monture pour les déplacements et habituellement, sauf incompatibilité provenant des régions parcourues.

Le costume sera le même pour tous, officiers ou simples Pionniers. Toutefois le commandant supérieur aura la croix du gilet *en or*; les lieutenants généraux, *en argent*; les commandants en drap *rouge avec un liseré d'or*; les lieutenants, en drap *rouge avec un liseré d'argent*; les simples Pionniers, en drap *rouge*.

Le drapeau de la Société sera le drapeau français avec la croix de Malte rouge sur le blanc.

CHAPITRE IX. — Ressources de la Société.

D'une part les dons, surtout aux débuts. De l'autre le produit du commerce, de l'agriculture et de l'industrie auxquels se livrera la Société. Chaque poste devra tendre à se suffire à lui-même au moyen de ses cultures, de ses factoreries, de la chasse et de l'élevage. La Société fera un appel permanent à la charité publique sous forme de quêtes et de souscriptions publiques et privées.

Les personnes qui auront fait don à la Société d'une somme excédant 100 francs seront « membres honoraires de la Société ». Le don de 1000 francs ou plus conférera le titre de « membre fondateur ».

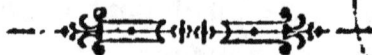

www.ingramcontent.com/pod-product-compliance
Lightning Source LLC
Chambersburg PA
CBHW060720280326
41933CB00013B/2506